PROJETS

D'ARCHITECTURE,

DÉDIÉS

A ALEXANDRE Ier,

EMPEREUR DE TOUTES LES RUSSIES,

Par M.-A. CARÊME.

A PARIS,

Chez { L'AUTEUR, rue Caumartin, n° 20;
{ FIRMIN DIDOT père et fils, libraires, rue Jacob, n° 24.

DE L'IMPRIMERIE DE FIRMIN DIDOT.

1821.

A Sa Majesté

L'Empereur Alexandre.

Sire,

Amateur et plein d'enthousiasme pour les Beaux-Arts, j'ose soumettre à Votre Majesté cinq Projets de Monuments. Ces Projets m'ont été inspirés en voyant la belle rue de la Perspective.

J'ai pensé qu'avec le granit, cette pierre indestructible, on pourrait construire, sur la rivière de la Fontancka, un pont sur lequel serait exécuté l'un de ces Projets. Ce monument, élevé sur le plus bel emplacement qui soit au monde, donnerait un caractère de grandeur au quartier où se trouvent réunis l'édifice de l'Amirauté, les palais des Czars, et les temples de la Religion.

J'ai donné, Sire, à ces monuments un vaste ensemble, parceque j'ai voulu leur imprimer la dignité & la magnificence que réclame leur destination. Quoi, en effet, de plus imposant qu'un monument dédié à la Paix et aux Beaux-Arts, qu'un édifice consacré aux Fastes d'un grand Empire!

Si Votre Majesté voulait bien le permettre, il me serait possible d'ajouter à la précision des détails que j'ai l'honneur de lui soumettre sur ces cinq Projets.

Je réclame son auguste bienveillance; et si elle daigne accueillir l'hommage de ces Esquisses d'Architecture, ce sera pour moi une récompense bien honorable! Le goût de ce bel art, où j'essaie de faibles talents, sans doute, m'a été comme inspiré à l'aspect des monuments de l'Egypte, de la Grèce & de l'Italie.

Je suis,

Sire,

De Votre Majesté,

Le très-humble & très-
obéissant Serviteur,

Carême.

LETTRE DE L'AUTEUR

A S. EXC. LORD STEWART,

AMBASSADEUR EXTRAORDINAIRE DE S. M. BRITANNIQUE

PRÈS S. M. L'EMPEREUR D'AUTRICHE.

MYLORD,

Le plus beau jour de ma vie fut celui où Votre Excellence daigna transmettre, en mon nom, à l'auguste Souverain de toutes les Russies, les Projets que j'ai eu l'honneur de dédier à Sa Majesté Impériale.

Pour un homme que ses travaux habituels détournent d'études très-suivies en architecture, c'était une entreprise assurément difficile que celle de ces cinq Projets. En admettant que la flamme du talent inspirât son zèle, sa situation réclamait toujours un protecteur illustre et éclairé, qui, comme vous, Mylord, le soutînt de son crédit, et l'environnât de son suffrage. Mylord, ce suffrage, je l'ai obtenu de Votre Excellence, et c'est la récompense la plus flatteuse que je pouvais espérer.

Je suis,

MYLORD,

De Votre Excellence,

Le très-humble et très-obéissant serviteur,

CARÊME.

Vienne, le 15 mai 1821.

LETTRE

DU PRINCE VOLKONSKY

A S. EX. LORD STEWART.

MYLORD,

L'Empereur, mon maître, me charge de remercier Votre Excellence, pour l'envoi de l'ouvrage du sieur Carême.

Sa Majesté en accepte la dédicace, en gratifiant l'auteur d'une bague en diamants, que je prends la liberté de joindre ci-près, ayant recours, Mylord, à toute votre obligeance pour la faire parvenir à sa destination.

Je saisis avec empressement cette occasion, pour vous renouveler l'expression de la haute considération avec laquelle j'ai l'honneur d'être,

MYLORD,

De votre Excellence,

Le très-humble et très-obéissant serviteur.
Signé Le P. VOLKONSKY.

N° 200.

Laybach, le $\frac{15}{27}$ avril 1821.

A S. Ex. Mylord STEWART.

PROJETS D'ARCHITECTURE,

DESTINÉS AUX EMBELLISSEMENTS

DE SAINT-PETERSBOURG,

ET DÉDIÉS

A ALEXANDRE IER,

EMPEREUR DE TOUTES LES RUSSIES.

DESCRIPTION DU PREMIER PROJET.

Colonne à la Paix et aux Beaux-Arts.

Cette colonne est d'ordre dorique; le soubassement forme une fontaine jaillissante; douze statues, tenant dans leurs mains les attributs des Sciences et des Arts, en décorent la base. Le dé du piédestal de la colonne est orné des armes de l'Empire Russe, et de deux inscriptions;

La première :

ALEXANDRE IER, EMPEREUR DE TOUTES LES RUSSIES, A FAIT ÉRIGER CE MONUMENT

A LA PAIX ET AUX BEAUX-ARTS. 1821.

La deuxième :

A LA PATRIE, A LA PAIX, AUX SCIENCES ET AUX ARTS. 1821.

La statue de la Paix couronne ce monument.

Élévation : 190 pieds, sur 90 de diamètre.

DEUXIÈME PROJET.

Temple à la Paix et aux Beaux-Arts.

Quatre-vingts têtes de lions décorent trois bassins, en formant une fontaine jaillissante. Seize figures, consacrées aux Sciences et aux Arts, sont placées sur des poupes de navires, ce qui caractérise la navigation et le commerce de Saint-Petersbourg. Le soubassement du temple est orné d'inscriptions à la gloire de l'Empire Russe.

La statue de la Paix occupe le milieu du temple, dont chaque colonne est couronnée de trophées des armes de toutes les provinces de l'Empire.

La Victoire couronne ce monument.

Élévation : 125 pieds, sur 90 de diamètre.

TROISIÈME PROJET.

Grande Colonne consacrée aux fastes de la Nation Russe.

Seize trophées décorent le pied du monument. Chaque trophée se compose des armes des provinces du vaste Empire. J'ai voulu, par cette réunion, transmettre à la postérité les armes russes du dix-neuvième siècle.

. Sur les socles de ces trophées sont des inscriptions indiquant les noms des gouvernements de l'Empire, depuis l'océan Glacial jusqu'à la mer Noire, et par delà la mer Caspienne.

Un grand temple aux Beaux-Arts s'élève au-dessus des trophées; seize statues en font le couronnement; seize coupes jaillissantes embellissent ce temple de nappes d'eau dont l'ensemble forme une fontaine imposante.

Du milieu de ce temple s'élève une Colonne colossale de cent cinquante pieds de hauteur: le fût de cette Colonne est ceint de seize bas-reliefs représentant les fastes de l'Empire Russe.

Le premier représente Pierre le Grand dans les chantiers d'Amsterdam. Là, sous le costume de charpentier, le grand homme médite ses vastes projets pour la civilisation de ses peuples.

Au-dessus, j'ai retracé ce trait sublime du Czar, lorsque ce héros, surpris par la tempête, menacé par l'impétuosité des flots, rassure les matelots consternés en s'emparant du gouvernail, et leur dit ces paroles mémorables:
« Ne craignez rien ; Pierre est avec vous. »

Le troisième bas-relief représente la grande Catherine II, présidant le conseil de ses ministres, et leur donnant le code des lois qui doivent régir son vaste empire.

Dans le quatrième, j'ai représenté Alexandre Ier donnant la paix au monde, et devenant le protecteur de la Sainte-Alliance. Les cinq monarques prononcent leur serment sur l'autel de la paix.

Trop timide et trop peu initié dans les connaissances de l'histoire de Russie, je laisse aux savants de Petersbourg la tâche si glorieuse de composer les seize bas-reliefs, dont cinq serviraient à éterniser le règne du grand homme qui, au milieu d'un marais, fonda la plus belle ville du monde. Je l'ai vue et admirée, cette superbe ville moderne! et c'est à son aspect que j'ai conçu ces projets d'embellissement.

Cinq autres bas-reliefs transmettraient à la postérité les grands travaux de Catherine II ; et les six qui s'élèvent sur le fût de la Colonne serviraient à transmettre aux siècles futurs le règne auguste de Sa Majesté.

J'ai pensé donner plus d'ensemble et de caractère à ces bas-reliefs en les mêlant par cinq et six ; j'ai voulu exprimer par là cette grande unité des règnes glorieux de Pierre le Grand, de Catherine II, et d'Alexandre Ier.

Deux statues couronnent cet édifice.

Elles représentent la Paix s'appuyant sur la déesse de la Sagesse, emblème heureux d'une paix glorieuse et durable.

Élévation : 200 pieds, sur 95 de diamètre.

QUATRIÈME PROJET.

Grand Trophée à la Sainte-Alliance.

Vingt lions, symbole de la force et de la clémence, décorent les quatre façades du monument. Dans des guirlandes de laurier, on distingue les armes des Souverains alliés.

Au-dessus s'élèvent quatre trophées se composant des armes des cinq grandes Nations Européennes. Les fleuves personnifiés y sont joints pour les caractériser plus encore. La Seine et le Danube rappellent Paris et Vienne; la Tamise et la Sprée rappellent Londres et Berlin; la Newa, le Tanaïs, le Volga et le Dniéper caractérisent dignement le grand Empire.

Quatre inscriptions décorent le soubassement du temple.

La première :

A LA PAIX, AU REPOS DE L'EUROPE.

La deuxième :

A LA SAGESSE, AU COURAGE, A L'UNION.

La troisième :

A LA SAINTE-ALLIANCE, AUX BEAUX-ARTS.

La quatrième :

A ALEXANDRE-AUGUSTE, EMPEREUR DE TOUTES LES RUSSIES. 1815.

La statue de la Paix occupe le milieu du temple ; les Beaux-Arts personnifiés en font le couronnement. Le génie de l'Histoire s'élève au-dessus, traçant le règne éternel de Sa Majesté.

CINQUIÈME PROJET.

Colonne à la Paix et aux Beaux-Arts.

Quatre grands trophées décorent le piédestal du monument ; ils se composent des armes de tout l'Empire, voulant, par leur réunion, transmettre à la postérité les armes de la Nation Russe au dix-neuvième siècle.

Des Victoires y sont jointes, tenant dans leurs mains des couronnes et des palmes. Les génies des Beaux-Arts sont portés sur des palmes ajustées à la base de la colonne.

La statue de la Paix en fait le couronnement.

Élévation : 190 pieds, sur 90 de diamètre.

J'ai employé, dans deux de ces Projets, le bel ordre égyptien, afin de rappeler aux peuples modernes l'Égypte, mère antique des arts et des fables divines. Si l'élévation de ces monuments semblait trop colossale, on pourrait les réduire d'un quart ; mais, je le répète, quoi de plus imposant qu'un monument élevé à la Paix, aux Beaux-Arts, ou consacré aux fastes d'un grand empire !

On pourrait mêler le bronze au marbre, en faisant les statues et les ornements de cette belle matière. Mais, dira-t-on, quelles sommes ne coûteraient pas ces monuments ? Ah ! les Grecs élevèrent une statue d'or à la Paix : n'est-ce pas la paix qui enrichit les nations ? Les productions du génie se succèdent comme les jours de bonheur et de prospérité qui la suivent.

REMARQUE

SUR SAINT-PETERSBOURG.

Les habitants de Saint-Petersbourg disent qu'il faut voir cette ville en hiver pour l'admirer. Je ne suis point de cet avis, et l'effet pittoresque d'un pays ne me paraît jamais plus remarquable que dans la belle saison de l'année. J'ai vu Saint-Petersbourg en été, et j'ai éprouvé une vive émotion en visitant les beaux palais de plaisance de la Maison impériale. J'ai admiré la magnificence de celui de Sercasello; toute la cour s'y trouvait alors réunie. Le quartier des pavillons chinois, les promenades publiques, les jardins, les palais des grands-ducs, toute cette réunion d'édifices élégants, somptueux ou imposants, a long-temps attaché mes regards. Ces palais, ces beaux jardins, auraient assurément moins de prix à mes yeux, si la neige les eût couverts de tous côtés. La charmante promenade de Christoffky elle-même, ce rendez-vous si fréquenté pendant la belle saison, ne m'aurait pas donné une idée véritable de sa beauté, si je l'avais parcourue en hiver; je n'y aurais pu trouver ses riants ombrages, et le mouvement de la société brillante qui s'y rend dans les beaux jours; enfin, si la Newa avait été enchaînée par les glaces, aurait-elle pu étaler à mes yeux la richesse de son commerce maritime? je n'eusse pas joui non plus de la vue de ces jolies gondoles russes que des rameurs à longue barbe conduisent sur le fleuve avec un ordre admirable, et en répétant des refrains nationaux. Cet aspect si varié, et plein de grandeur, caractérise cependant plus spécialement que tout autre la superbe ville des Czars. A ce raisonnement, les Russes objectent que les patineurs et les traîneaux donnent à Saint-Petersbourg quelque chose de plus intéressant ou de plus national. Cela est possible pour eux; mais pour moi, je trouve que l'excessive rigueur du froid rend, en hiver, le séjour de cette ville très-pénible, surtout pour les étrangers qui y viennent du midi de l'Europe.

J'ai passé deux mois de l'été à Saint-Petersbourg, c'est-à-dire deux mois d'agrément. J'ai vu ce qu'il y existe de plus remarquable. Au palais impérial, j'ai visité la belle collection de tableaux, *dite de l'Ermitage*, qui renferme un grand nombre de morceaux célèbres des écoles italienne, française, flamande, etc. Une salle de cette riche galerie représente, sur ses murs, la copie à fresque, mais réduite, des loges du Vatican. En admirant ces créations sublimes du génie de Raphaël, j'ai vivement regretté que le gouvernement français n'ait point été frappé de la même idée, et qu'il ait négligé de faire peindre dans une salle du Louvre cette grande fresque. Nous ne manquerions pas assurément d'artistes capables de rendre dignement cet immortel chef-d'œuvre du pontificat de Léon X, qui viendrait comme alimenter parmi nous le feu sacré des beaux-arts. Il serait encore temps de réparer cet oubli, et il le sera sans doute : nos rois sont les protecteurs-nés des beaux-arts. Je puis donc espérer, puisqu'il s'agit ici d'un travail qui serait utile à la France.

ALEXANDRE I.
EMPEREUR DE TOUTES
LES RUSSIES
A FAIT ERIGER
CE MONUMENT
A LA PAIX AUX BEAUX ARTS.
1820.

Colonne à la Paix aux beaux Arts.

1er Projet.

Fontaine à la Place aux beaux Arts.

(2.ᵉ Projet.)

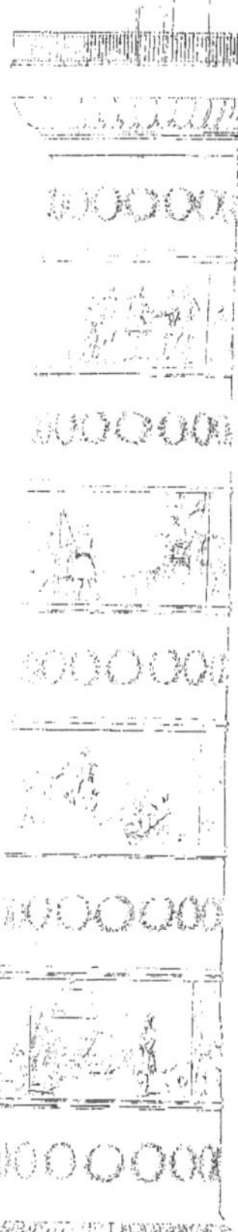

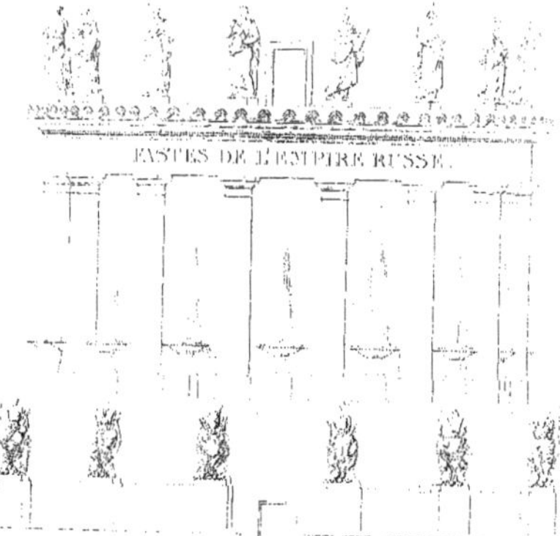

Colonne à la Gloire de la nation Russe.

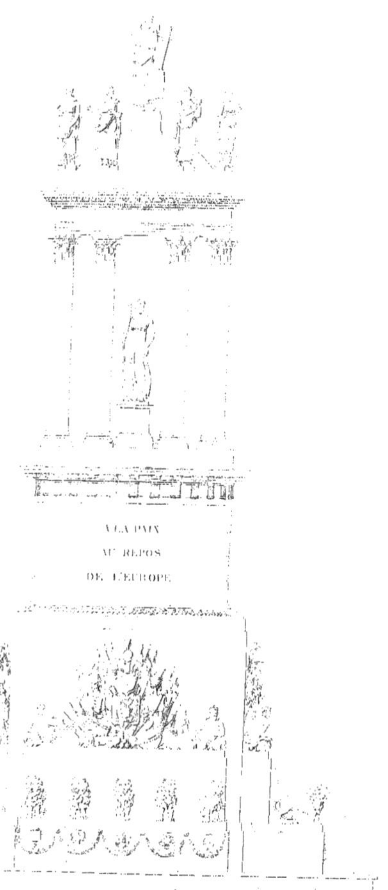

Grand bas-relief de la Sainte Alliance 1820.
(de Bosio)

Colonne à la Place aux beaux Arts

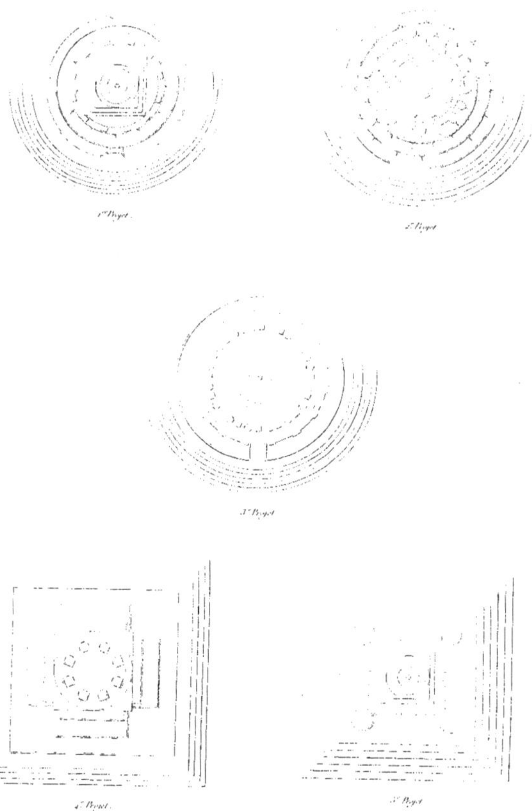

1er. Projet.
2e. Projet.
3e. Projet.
4e. Projet.
5e. Projet.
Echelle de

www.ingramcontent.com/pod-product-compliance
Ingram Content Group UK Ltd.
Pitfield, Milton Keynes, MK11 3LW, UK
UKHW022246070726
13613UKWH00005B/2130